ARBEITSGEMEINSCHAFT FÜR FORSCHUNG DES LANDES NORDRHEIN-WESTFALEN

GEISTESWISSENSCHAFTEN

60. Sitzung
am 10. Dezember 1958
in Düsseldorf

ARBEITSGEMEINSCHAFT FÜR FORSCHUNG DES LANDES NORDRHEIN-WESTFALEN

GEISTESWISSENSCHAFTEN

HEFT 85

André George

Der Humanismus
und die Krise der Welt von heute

SPRINGER FACHMEDIEN WIESBADEN GMBH

ISBN 978-3-322-98065-6   ISBN 978-3-322-98698-6 (eBook)

DOI 10.1007/978-3-322-98698-6

Der Humanismus
und die Krise der Welt von heute

Ms. *André George*, Paris

Die menschlichen Lebensbedingungen ändern sich wenig, aber der Mensch ändert in hohem Maße den Rahmen der Welt, in der er lebt. Heute tritt uns eine Tatsache deutlich vor Augen, nämlich der ungeheure Aufschwung des wissenschaftlichen und technischen Fortschritts, seine Schnelligkeit und die im Zusammenhang damit stehenden Rückwirkungen jeglicher Art: all das ist charakteristisch für unsere moderne Welt, für unsere Zivilisation. Die Krise ist da, niemand zweifelt daran, denn verwirrt stehen wir vor neuen Situationen oder zumindest vor Problemen von einer Tragweite ohnegleichen. Ein Massenfaktor scheint alle Schwierigkeiten noch um ein Vielfaches zu steigern, denn überall befinden wir uns im Zeitalter der großen Zahl.

Daher treten die mehr oder weniger traditionellen Fragen mit einer ungewöhnlichen Eindringlichkeit und Schärfe an uns heran: Was müssen wir aus der Vergangenheit bewahren? Haben die errungenen Lösungen noch Gültigkeit? Wirft nicht der triumphale Aufschwung der Naturwissenschaften unsere althergebrachte Auffassung von der Kultur gründlich über den Haufen, wie er unseren Lebensmodus und unsere täglichen Gewohnheiten radikal geändert hat? Was bleibt noch von dem klassischen Humanismus übrig in einer Zeit, die sich so sehr von der früheren unterscheidet?

Etwas dieser Art soll uns heute beschäftigen. Aus der Fülle der Fragen wählen wir eine aus, die sich insbesondere an einen Kreis geistiger Menschen richtet, an Menschen, die um die Zukunft der Kultur, insbesondere der abendländischen Kultur, besorgt sind. Was lange Zeit das Ideal unseres Abendlandes war, der Humanismus, scheint zusammengebrochen und die Einheit des Geistes in Gefahr zu sein. Einige halten bereits die Dämmerung für unvermeidbar, selbst wenn sie darüber aufs tiefste bestürzt sind. Diese Krise des Humanismus, in der die Naturwissenschaften eine dominierende Rolle spielen, muß gründlich untersucht werden, und wir werden dabei feststellen, ob man seine Zuflucht in einem Pessimismus suchen oder ob im Gegenteil – und einer Vielzahl von Widerständen zum Trotz – der Mensch von heute nicht treu zu seiner moralischen Sendung stehen soll, die ihm gebietet, den systematischen Verzicht und die Aufgabe von Idealen zu meiden und die Hindernisse zu überwinden.

Aber zunächst einmal: was ist eigentlich Humanismus? Dieses Wort gehört zu jener Art von Begriffen, die jedermann versteht, solange man sie nicht zu definieren sucht, bei denen aber kaum noch mit einer Verständigung gerechnet werden kann, sobald man auf eine Definition drängt – um so weniger als dieser Ausdruck in den letzten Jahren entstellt und in jedem nur möglichen Sinne gleichsam ausgemünzt wurde, bis er zuletzt gar nichts mehr bedeutet.

Im Jahre 1936 fand in Budapest unter dem Motto: „Wege zu einem neuen Humanismus" eine Tagung der Coopération intellectuelle de la Société des Nations statt, auf der die meisten Länder vertreten waren und an der Thomas Mann als Vertreter Deutschlands teilnahm. Auf dieser Tagung nun begann ein großer Historiker und übrigens auch Humanist der Niederlande, der hervorragende Biograph des Erasmus, Joseph Huizinga, seine Erklärung mit dem Geständnis: „Wenn man mich fragt, was Humanismus sei, so antworte ich aufrichtig, daß ich es nicht weiß." Versuchen wir aber trotzdem, uns ein wenig mit dem zu beschäftigen, was wir nach einem Geständnis aus so berufenem Munde nicht wissen.

I

Das Wort ist noch nicht alt, es ist ein Kind des 19. Jahrhunderts, aber die Sache ist alt. Die Idee des Humanismus ist bereits im Jahre 163 v. Chr. von dem Komödiendichter Terenz in einer Maxime seines *„Heautontimorumenos"* zum Ausdruck gekommen:

> *Homo sum, humani nil a me alienum puto.*
> Ich bin Mensch, und nichts Menschliches ist mir fremd.

Und ein Jahrhundert später spricht Cicero an einer denkwürdigen Stelle seiner berühmten Verteidigungsrede für den Dichter Archias von allen jenen Künsten, die zur Kultur des Geistes streben; aber was man gemeinhin mit „Kultur des Geistes" wiedergibt, wird durch das Wort *humanitas* erfaßt (ad humanitatem pertinent). Es sind die „belles-lettres" (Grammatik, Beredsamkeit und Dichtkunst), aber Cicero vergißt dennoch nicht die Naturwissenschaften, denn er unterscheidet genau: „Italia plena *artium ac disci-*

plinarum Graecarum", – die Naturwissenschaften, die „Disziplinen", wie wir noch oft zu sagen pflegen.

Der *Pro Archia* ist so etwas wie das Brevier des Humanismus, weil Cicero darin die Einheit des Geistes zeigt und an dem Begriff der *humanitas* selbst dartut, wie die geistige Kultur die eigentliche Tugend des Menschen ist, wie sie den Menschen noch mehr zum Menschen, d. h. wie sie ihn in des Wortes höchster Bedeutung würdig macht, Mensch zu sein.

Es mag verwunderlich erscheinen, daß wir von den Römern und nicht von den Griechen ausgehen. Aber der römische Strom entspringt freilich einer griechischen Quelle. Terenz ahmt in seinem *Heautontimorumenos* eine Komödie des Menander nach, und vielleicht stammt die berühmte Maxima von Menander selbst. Cicero ist von hellenischer Kultur ganz durchdrungen. Sein Wort *humanitas* ist wie bei Varro nichts anderes als die Übertragung der hellenischen παιδεία, jener Erziehung und Kultur, die den Menschen vollkommen aufgeschlossen und wahrhaft macht.

Aber Rom, von seinem Besiegten selbst erobert (nach einem bekannten Ausspruch von Horaz) hat sich dennoch zur Größe der *Pax Romana* entwickelt und in einen breiten universalen Strom das wunderbare Ideal Griechenlands einfließen lassen, das bis dahin auf einen viel engeren Bezirk beschränkt war.

Vergessen wir aber auch nicht (so schnell wir auch diese Art historischer Einführung absolvieren) die Rolle, die Byzanz bei der Vermittlung dieser Werte an das Abendland während des Mittelalters spielt. Um nur einen Namen zu nennen: denken wir an Psellos, den Historiker, Gelehrten und Staatsmann des 11. Jahrhunderts, der sich in allen Bereichen des Wissens einen Namen gemacht hatte und den der deutsche Byzantinist Krumbacher „den Ersten Mann seiner Zeit" nennt. Das war ein wahrhafter Humanist, ein Vorläufer der Renaissance.

Die griechisch-römische Zivilisation hat sich mit dem Christentum verschmolzen und das gebildet, was wir gemeinhin unter dem Begriff Abendland verstehen. Ich glaube, daß jeder mit mir darin übereinstimmt. Die Schriftsteller haben diesen Gedanken populär gemacht. Thomas Mann sah in der mediterranen Antike und im Christentum die beiden Grundpfeiler unseres geistigen Abendlandes. Ein berühmter Ausspruch von Paul Valéry definierte in gleicher Weise, daß da, wo griechischer Geist, römische Ordnung und der dem Christentum eigene Begriff vom Menschen und seinem Nächsten vorherrschten, daß dort abendländischer Geist, Zivilisation des Abendlandes sei.

Die Renaissance hat von all dem Besitz ergriffen und es erweitert. Sie entdeckt die ganze Antike von neuem, wird sich aber auch der potentiellen Unermeßlichkeit und Unbegrenztheit des menschlichen Wissens und der Bestimmung des Menschen bewußt. Es entsteht das, was einer unserer altmodischen Geschichtsschreiber dieser Epoche, Lucien Fèbvre, einmal „die heroische Torheit des Lernens" nannte. Das Programm des Rabelais, der Brief Gargantuas an Pantagruel ist typischer Ausdruck des Humanismus, die Manifestation allseitiger Entfaltung des menschlichen Geistes, ein Universalismus, der Jugendfrische und Unerschrockenheit ausstrahlt. Und der große Erasmus, ewiges Vorbild des Humanisten, realisiert „jene Vereinigung von Antike und christlichem Geist, die Petrarca, der Vater des Humanismus, erträumt hatte, ein Traum, den seine Schüler in der Folge freilich aus dem Auge verloren, fasziniert wie sie waren von dem unwiderstehlichen Glanz der Formenschönheit der Antike" (J. Huizinga).

Halten wir also zunächst fest: ein bestimmtes Vermächtnis der Vergangenheit, eine geistige Überlieferung, ein europäischer Atavismus, der allen Nachkommen der großen abendländischen Familie gemeinsam ist. Zusammengenommen: ein Wille, so viel Mensch wie möglich zu sein, eine Methode, die zugleich historisch, philosophisch und scientifisch und ein unbegrenztes Reich des Fleißes und des Lernens ist, die Gesamtheit dessen umgreifend, was wir Kultur nennen, oder was Goethe *Bildung* nennt. So verstehen ihn noch alle diejenigen, die sich nicht allzu sehr vom Sinn des Wortes gewendet haben. Halten wir jetzt schon fest, daß, wenn man auch insbesondere die literarische Tradition gewahrt hat, jene Tradition, die sich in dem griechischen Namen des Isokrates verkörpert, der Humanismus nicht mehr und nicht weniger die Naturwissenschaften umfaßt, symbolisiert durch den großen Namen Platos, Isokrates' Rivalen, jenes Plato, der in Gott einen ewigen Geometer sah.

Begnügen wir uns zunächst einmal mit diesen wenigen Hinweisen. Ich habe auch keineswegs die Absicht, eine veritable Geschichte des Humanismus zu liefern – der Gegenstand ist zu umfangreich – ja nicht einmal erstrebe ich eine kurze Skizzierung des Themas. Ich war lediglich darauf bedacht, in irgendeiner Form den ersten unserer Hauptakteure vorzustellen, der mit unserer heutigen Welt, die so stark von Wissenschaft und Technik durchdrungen ist und wie nie zuvor von der einen wie von der anderen umgeformt wurde, konfrontiert werden muß. Wir mußten, wie es heißt, die „dramatis personae" vorstellen.

II

Bis dahin hatte die humanistische Überlieferung das Ideal universaler Kultur zum Ziel, einer Kultur, die vor allem auf der Kenntnis und dem Geschmack der antiken Autoren beruhte und mit den Erwerbungen der Menschheit im Laufe ihrer langen Entwicklung angereichert ist. Dieses Ideal duldet im Prinzip weder Grenze noch Vorbehalt. Jeder konnte jeden begreifen, alle Menschen konnten einander verstehen und waren potentielle Anwärter auf die Gesamtheit der menschlichen Kenntnisse. Selbst wenn praktisch sehr wenige Geister in der Lage waren, ein derartiges Programm zu verwirklichen, so genügte es zur Konsolidierung des Prinzips und zur Wahrung des Ideals, daß von Zeit zu Zeit – ein Leibniz zum Beispiel hat das Ziel erreicht – und zu jeder Epoche bestimmte Menschen mit hoher Kultur, selbst solche, die als Liebhaber dem Ideal dienten, in irgendeiner Form ihre Bindung an die humanitas bekundeten. Es steht außer Zweifel, daß einem hochbegabten Geist theoretisch die Möglichkeit gegeben war, alles zu wissen. Es gab eine Art von Generalisierung als Parallele zur Verallgemeinerung des klassischen Determinismus in den Naturwissenschaften, nach der die von dem Mathematiker Laplace am Ende des 18. Jahrhunderts konzipierte „Intelligence Suprême" ideal befähigt ist, die Zukunft wie die Vergangenheit rechnerisch zu bestimmen, wenn sie über alle Elemente des Kalküls verfügt hätte.

Heute herrschen überall Verwirrung und Unordnung. Das schöne harmonische Gebäude ist zu Boden gestürzt. Wir haben heute Spezialisten und Spezialfächer, die sehr oft nichts voneinander wissen. Das Wort Humanismus selbst wird allgemein seines universalen Wertes beraubt, da man ihm durch Beifügung von verschiedenen Adjektiven Restriktionen auferlegt – z. B. „Wissenschaftlicher Humanismus" („humanisme scientifique"), was meistens eine elementare oder primäre Vulgarisierung bedeutet.

Die Professoren der geisteswissenschaftlichen Fächer sind selbst keine wahren Humanisten mehr, denn sie werden obligatorisch auf ein bestimmtes Gebiet beschränkt. Kürzlich bemerkte eine unserer Literaturprofessoren an der Sorbonne, Madame Marie-Jeanne Durry, mit Recht, daß die einen sich auf das Studium des 16. Jahrhunderts, andere wiederum auf das 17. oder 18. Jahrhundert beschränkten und so fort, wenn es sich nicht um „Spezialisten" eines einzigen Autors handelt. Auf allen Gebieten ist dies das Prinzip der Wirksamkeit, das Gesetz des Fortschritts. Man darf sich nur einer Sache widmen – oder fast nur einer Sache.

Seitdem bildet sich ein Abgrund zwischen den zahllosen Zweigen menschlicher Tätigkeit; der Geist ist nur noch wie ein zerbrochener Spiegel, dessen Bruchstücke den Anblick des ursprünglichen Gesichtes einzeln wiedergeben. Haben wir nicht gerade, indem wir uns das Bild des Humanismus vergegenwärtigen, ein wenig den Duft der Vergangenheit geatmet? Sind wir nicht, indem wir davon sprachen, das Risiko eingegangen, allein schon das Heimweh nach einem verlorenen Paradies zu nähren?

Man muß zugeben: das scheint der Fall zu sein, wenn man genauer hinschaut. Und da stehen wir auch schon mitten im Thema drin.

III

Die siegreiche Wissenschaft erzeugt seitdem eine Art doppelten Paradoxons:

– sie, die sich nur den Fortschritt des Geistes, das Glück des Menschen und den Frieden der Welt zum Ziele gesetzt hat, gibt dem Kriege furchtbare Mittel an die Hand; sie ist die Ursache der Zerstörungen und bedroht das Menschengeschlecht und den gesamten Planeten; denn es ist klar, daß der Mensch gleichzeitig die Möglichkeit entdeckt hat, die Erde in die Luft zu sprengen und von ihr zu entkommen; die Wissenschaft selbst scheint in einer totalen Barbarei zu enden;

– während sie die mächtigste Verbindung unter den Menschen ist, eine Art Universalsprache, verdammt sie jeden Gelehrten zur Einsamkeit und errichtet unüberwindbare Trennwände zwischen denen, die wissen und denen, die nicht wissen. Das ist eine andere Form der Barbarei: „Barbarei der Spezialisierung", wie es der große spanische Denker, Ortéga y Gasset, ausdrücklich formuliert.

Gestern noch hatten wir eine Gesellschaft der Geister, weil es eine Einheit des Geistes gab; heute haben wir eine Art „Nationalismus" für jede Kategorie des Wissens, wir verfügen über Spezialfächer ohne Zahl – ein Babel, in dem jeder seine Sprache für eine kleine Gemeinde spricht und manchmal nur für sich selbst. Erwähnen wir noch, welche Wandlung sich heute in immer stärkerem Maße vollzieht, wenn man daran erinnert, daß früher z. B. im 9. Jh.) die Geisteswissenschaften („les lettres") sehr häufig ihren Abscheu vor den Naturwissenschaften bekundeten, daß man in unserem französischen 18. Jahrhundert noch unter dem Namen „lettres" die Wissenschaft als solche verstand, denn die Wissenschaftler nennen sich zu dieser

Zeit noch „hommes de lettres". Und heute, welcher Gegensatz! Es gehört zum Wesen des Gelehrten, bescheiden zu sein, und die Demut ist nicht nur die christlichste, sondern auch die wissenschaftlichste aller Tugenden. In allen Wissenszweigen und überall beweisen es uns die Besten. Indessen kann man bei allen denen, deren Charakter nicht auf der Höhe ihrer Aufgabe steht, so etwas wie Verwegenheit und Überlegenheit gegenüber dem „homme de lettre" und dem Philosophen feststellen.

Im übrigen ist der Bruch zwischen dem Gelehrten – insbesondere dem Physiker – und dem Philosophen allgemein.

In Deutschland vielleicht weniger. Hier glaube ich, wahrt man die große Überlieferung, die tiefe philosophische Bildung. Ein Heisenberg, ein Weizsäcker liefern u. a. dafür stets den Beweis. Aber bei uns ist trotz allseitiger lobenswerter Bemühungen der Bruch sehr spürbar. Wie sollte man sich auch verstehen, wenn es auf dem Gebiet der Naturwissenschaften selbst so viele Schwierigkeiten der Verständigung gibt, sobald man sich nicht in der gleichen Spur, in dem gleichen Kreis mit eingeengtem Radius befindet. Das ist zu schwierig geworden. Auf der Académie des Sciences in Paris reden diejenigen, die die Mitteilungen herausgaben, in der Wüste, denen nur noch eine immer kleiner werdende Anzahl Kollegen folgen kann.

Was soll unter diesen Umständen aus dem Begriff der allgemeinen Kultur werden, deren eigentliches Anliegen das Verstehen und die Überwindung der Grenzen ist. Der Humanismus schwindet dahin wie ein Traum beim Erwachen.

IV

Ein Gelehrter von Weltruf, den dramatische Umstände zum Symbol selbst des wissenschaftlichen Geistes in seiner Freiheit und in seiner Autonomie gemacht haben, J. Robert Oppenheimer, hat noch kürzlich auf diesen Bruch ausdrücklich hingewiesen und den Tod der allgemeinen Kultur, das Ende der Einheit des Geistes sozusagen amtlich bestätigt.

Der berühmte Theoretiker, „Vater der Atombombe", wie man ihn ein wenig schematisch nennt, sieht heute in der Wissenschaft nur noch eine Unendlichkeit von kleinen Inseln („ilots"), deren Bewohner die Gelehrten, die „Isolierten" („isolés"), sind. „Unsere Kenntnis", so erklärt er, „trennt in demselben Maße wie sie eint". Eine wunderbare Beschleunigung des Fortschritts stört unaufhörlich das Gleichgewicht unseres Wissens. Die Zahl der

Gelehrten verdoppelt sich alle 10 Jahre. Professor *Purcell* stellte in diesem
Zusammenhang fest, daß somit 90 % aller Gelehrten unter den Lebenden
sind. Alles, was seit der Gymnasialzeit (collège) für jeden von uns an Neuem
aufgetaucht ist, errichtet eine beängstigende Schranke vor den unvorherge-
sehenen Begriffen.

Oppenheimer zitiert den Einfall seines ehemaligen Kollegen, eines Orientalisten, an der Universität von Kalifornien: „Die Wertlosigkeit der zeit-
genössischen Wissenschaft erhellt aus der Tatsache, daß, würde diese Wissenschaft zu etwas nutze sein, es viel leichter wäre, heute ein gelehrter Mann
zu werden als jemals zuvor."

Andere große Physiker drücken sich übrigens nicht anders aus, und zwar
mit vollem Ernst. In seinem bemerkenswerten kleinen Buch „Wissenschaft
und Humanismus" (*Science and Humanism*) erklärt M. Schrödinger: „Wenn
ihr nicht in der Lage seid, auf lange Sicht irgend jemand zu erklären, was
ihr gemacht habt, dann ist eure Arbeit umsonst gewesen." Und Einstein
sagte eines Tages zu Louis de Broglie, jede Theorie müsse zu einer Vorstellung führen, die einem Kinde erklärt werden kann. Seien wir uns jedoch
im klaren, daß sich dabei große Schwierigkeiten ergeben, die darin bestehen,
daß die moderne Wissenschaft allenthalben im großen Unendlichen wie im
kleinen Unendlichen die menschlichen Maßstäbe überschreitet, und daß in-
folgedessen die nicht eingeweihten Personen die größte Mühe haben, zu folgen.

Um nochmals auf die Ideen Oppenheimers zurückzukommen, sei er-
wähnt, daß er einmal bemerkt, daß wir den Schlüssel zu jener Einheit des
Wissens verloren haben, aus dem die Gelehrten des 18. Jahrhunderts ihren
Glauben schöpften.

Es ist bedenklich, daß unsere Fortschritte nicht dazu beitragen können,
die universelle Kultur zu bereichern in einer Zeit, in der unser Durst nach
einer wahren Verständigung aller Menschen immer stärker wird, woher sie
auch kommen und was sie sein mögen. Newton konnte allen erklärt werden; heute geben die so stark verbreiteten Worte „Relativität", „Indeter-
mination", „Partikel" nur noch Anlaß zur Verachtung und Verwirrung,
wenn sie nicht nutzlosem Wortspiel dienlich sind.

„Wir kennen nur den Teil eines Teiles eines gegebenen Objektes", bemerkt Oppenheimer bitter. Die Wissenschaft tritt nicht mehr wie früher in
Erscheinung; ihre Entwicklung bewirkt in immer größerem Maße eine
Divergenz ihrer einzelnen Wissenszweige: „Wie die Finger einer Hand sind
sie an ihrer Wurzel vereinigt, verlieren aber dann den Kontakt mitein-
ander."

Diese Anklage, oder vielmehr diese traurige Feststellung gibt genügend Anlaß zum Nachdenken. Im übrigen haben alle Wissenschaftler mehr oder weniger ähnliche Feststellungen gemacht, wenn sie sich mit diesem umfassenden Problem beschäftigt haben. Müssen wir somit unser Thema als erledigt betrachten, müssen wir eine Bankrotterklärung abgeben und uns zu der Feststellung entschließen, daß der Humanismus zu Ende und seine Macht vorbei ist? In der antiken Mythologie frißt Saturn seine Kinder auf; hier ist es umgekehrt: wird die Wissenschaft, eine Tochter des Menschen, zum Vatermörder, indem sie ihren Vater auffrißt? Nun, ich glaube, daß die Sache durchgefochten werden muß. Wenn sich auch Professor Oppenheimer selbst nicht so leicht mit der Tatsache abfinden kann, so wollen wir doch mit Nachdruck feststellen: es ist nicht die Bestimmung des Menschen, sich geschlagen zu bekennen, solange er nicht alles versucht hat. Der lange und beschwerliche menschliche Aufstieg verpflichtet uns dazu, nicht zu verzichten. Und gerade dieses Ideal stammt direkt vom Humanismus. Was uns zu tun übrigbleibt, ist, diese Hoffnung ein wenig weniger vage zu machen. Wie sagt doch Jaspers: „Die Stunde liegt nicht im Schlaf." ...

V

Zunächst einmal, liefern uns die Naturwissenschaften nicht das Beispiel konvergierender Strömungen, abgesehen von divergierenden Strömungen?

Die großen Konzeptionen der modernen Physik, die Relativität, die Quanten streben wesenhaft nach Einheit, Synthese. Die so grandiosen auf Einheit zielenden Bestrebungen, von Einstein hartnäckig bis zu seinem Tode verfolgt, von Heisenberg in einer anderen Bahn weitergeführt – bringen Ordnung in das Chaos. Der Vormarsch der Wissenschaften liefert uns häufig den Beweis der Alliance, der unerwarteten Verbindung von Disziplinen, die als unabhängig voneinander galten. Seit Maxwell haben wir die Einheit des Elektromagnetismus und des Lichtes. Die Quantentheorie ersetzt die Theorie der chemischen Valenzen. Louis de Broglie nähert einander den Formalismus Hamiltons, das Prinzip der kleinsten Aktion von Maupertuis, das von Fermat in der Optik, um die Fundamente der Wellenmechanik zu legen, die die Schranken zwischen Materie und Licht aufhebt. Die Physik der Kurzwellen, die Radartechnik spielen mit den Versuchen Lamb-Retherford's eine bedeutende Rolle in der feinen Spektroskopie. Die Astronomie reicht der Erdphysik die Hand: die Wissenschaft der ionisierten Plasmen ist richtunggebend bei den Versuchen einer kontrollierten Fusion für den Wasserstoff, einer Zähmung nuklearer Energie.

Neue Wissenschaften sind nicht als Zusammenfassung verschiedener, bis dahin getrennter Disziplinen zu betrachten: so die Kybernetik, die Radioastronomie, die Astronautik. Die gegenseitigen Abhängigkeiten und methodischen Transpositionen finden sich überall auch in den technischsten und industriellsten Details. Ich darf zwei Beispiele anführen, die ich aufs Geradewohl aus dem Bereich entfernter Sektoren wähle:

1. Die Lehrsätze der "Theory of Games" von Neumann und Morgenstern haben ihre Anwendung bei der Errichtung der Luftbrücke Berlins gefunden.

2. Die „Keim"-Theorie bei den Infektionskrankheiten, die wir hauptsächlich Pasteur und seinem Schüler Gernez verdanken, findet seit einiger Zeit in der Industrie Verwendung. Man hat in der Tat den Vorgang der „Impfung" auf das Gebiet der Legierungen transponiert; die Herstellung bestimmter moderner, sehr widerstandsfähiger Gußstähle geht auf Ideen Pasteurs zurück, die ihrer Konzeption nach rein biologischer und medizinischer Natur sind: der in der Metallurgie übliche Begriff der „Impfung" (inoculation) deutet unmittelbar darauf hin.

So bedingt das Spiel der Wissenschaft selbst Neugruppierungen und Annäherungen. Wenn auch jeder auf sein kleines Feld beschränkt ist, so läßt es sich nicht umgehen — so widerspruchsvoll das auch erscheinen mag —, daß sich Zusammenfassungen und Umgliederungen ergeben, wie in unseren zu sehr zerstückelten französischen Landschaften.

VI

Wenden wir uns nach diesen Bemerkungen interner Art unmittelbar der Hauptfrage zu, wie unsere Schlußfolgerung zu lauten hat.

Was soll aus dem Humanismus werden? Wie können wir ihn heute verstehen? Bleibt uns noch der Schimmer einer Lösung?

Denn schließlich — wiederholen wir es — bleibt der menschliche Geist unterwegs nicht stehen unter dem Vorwand, die Steigung sei zu stark. Wenn die letzte Viertelstunde der Spezies geschlagen hätte, wäre der Augenblick der großen Abrechnung gekommen. Aber glaubt man denn, daß der menschliche Geist — „der Geist, der stets in Bewegung ist, um noch weiter vorzudringen", wie es ein großer französischer Philosoph des 17. Jahrhunderts, Malebranche, zum Ausdruck gebracht hat —, glaubt man allen Ernstes, daß dieser Geist nicht stets, und so lange er lebt, das Risiko auf sich nehmen wird, die Schranken einzudrücken, die Hindernisse zu überwinden und einen, sei es noch so engen Durchschlupf, eine Lösung zu finden, und wäre es ein Kompromiß. Die Probleme werden immer komplizierter, nach Maßgabe der Komplexität der modernen Welt. Es wird freilich immer schwieriger, mehrere Dinge ein wenig gründlich kennenzulernen. Geben wir zu, daß es unmöglich ist, mehr als einen Gegenstand, ja selbst den Teil eines einzigen Objektes zu kennen.

Das Goldene Zeitalter des Humanisten, der „Klarheit über alles" besitzt, ist endgültig vorbei. Wenngleich es angenehm ist, niemals die Zukunft zu präjudizieren, die stets mit Überraschungen aufwartet, und wenngleich der Mensch (insbesondere der Gelehrte), jener ewige, erfindungsreiche, in der Anwendung seiner Mittel fruchtbare Odysseus, vieler Hindernisse Herr wird, so müssen wir dennoch gestehen, daß, da der Umfang des Wissens jeden Tag umfangreicher wird, die Entwicklung nicht rückläufig ist und uns immer weniger erlaubt, aus unserer eigenen kleinen Bahn herauszutreten.

Wir haben aber soeben gesehen, daß sogar das sozusagen unmöglich ist, da die Wissenschaft selbst bei ihrem gebieterischen Vorgehen uns schon zwingt, zur Seite zu blicken. Darüber hinaus aber, wer ist der Mensch, der, würdig dieses Namens, sich absolut in ein solches Gefängnis einschließt, niemals seinen Blick über die Grenzen seines fragmentarischen Spezialgebietes hinaus erhebt, zur Handhabung jener unglücklichen Kunstgriffe verdammt ist, deren Ausführung sich darauf beschränkt, ewig dieselbe Geste zu wiederholen? Welcher Geist kann Tag für Tag und Stunde um Stunde seine Befriedigung finden an einer atomischen Aufsplitterung des Wissens, an jenen an Zahl unendlich sich vermehrenden Staubkörnern, die die geistige Tätigkeit ausmachen würden, wobei jeder von uns nur ein einziges dieser Körner betrachten könnte?

Im übrigen fordert die Wissenschaft, wie wir gesehen haben, selbst in ihrer technischen Funktionsausübung nicht nur Hilfsbrücken, fördert den Ausgleich zwischen den verschiedenen Wissenszweigen, sondern sie verlangt auch in einer tieferen Form und sozusagen im voraus von den besten ihrer Schüler, den wahrhaft schöpferischen Menschen, neben bzw. über ihre Spezialfächer hinaus, die Voraussetzung für einen weiten offenen Blick für die Dinge und vor allem die humanistische Bildung zukünftiger Gelehrter, ein Ideal, das Henri Poincaré in einem zu wenig bekannten, kraftvollen Plädoyer über *„La science et les humanités"* verkündete.

Denken wir ferner an die weite weltoffene Kultur Ihres großen Max Planck, der zu Beginn seiner Laufbahn zwischen Physik und Philologie schwankte – von der Musik ganz zu schweigen. Und hat Einstein nicht selbst auf die Wohltat der Humaniora bei der Erziehung der Jugend, selbst wenn sie auf eine naturwissenschaftliche Laufbahn gerichtet ist, hingewiesen und auf den Wert, den er persönlich der Tatsache beimaß, daß er sich keineswegs allzu jung spezialisiert, sondern im Gegenteil lange Zeit die Frische seines Geistes und sein fruchtbringendes Erstaunen vor den Phänomenen der Natur bewahrt hat.

Alles ändert sich heute so schnell, daß man mir entgegenhalten könnte, ich riefe schließlich als Zeugen nur die Toten an, so hervorragend sie auch sein mögen. Aber verhält es sich bei den Besten unter uns heute so viel anders? M. Pauli widmet einen Aufsatz dem Thema „Science et la pensée occidentale" („Wissenschaft und abendländisches Denken"), in welchem er z. B. folgenden Gedanken ausspricht: „Angesichts der Aufgliederung der Tätigkeiten des menschlichen Geistes in festumrissene Bezirke (...) habe ich ein Ziel vor Augen, das in der Beherrschung der Gegensätze und Widersprüche besteht..." M. Schrödinger macht in seinem Werk, das den schönen und bedeutsamen Titel *„Science et humanisme"* trägt, die „science" zu einem wesentlichen Element des Humanismus, wendet sich aber, wie wir gesehen haben, trotz der notwendigen Spezialisierungen gegen die enge und einschränkende Auffassung des Geistes und widmet an der gleichen Stelle den Griechen die größte Aufmerksamkeit. In Frankreich hat der kultivierteste und differenzierteste Geist, Fürst Louis de Broglie, in diesem Sinne häufig Partei ergriffen und sich ausdrücklich in einem bezeichnenden Kapitel seines letzten generellen Werkes *„Nouvelles perspectives en Microphysique"* dazu geäußert. Dieses Kapitel lautet: „La culture scientifique suffitelle à faire un homme?" („Reicht die wissenschaftliche Kultur zur Bildung eines Menschen aus?"), eine Frage, die der Autor mit Nein beantwortet. Er betont wie Poincaré das Interesse für die antike Kultur, das selbst für die Wissenschaften bindend sein soll. Als vollendeter Humanist zieht er die Schlußfolgerung: „Die klassischen Studien werden möglicherweise zu Ende gehen, und der antike Humanismus wird wahrscheinlich verschwinden, aber derjenige, der ihn ersetzt, wird stets das Studium des ganzen Menschen erfassen müssen; nichts von dem, was menschlich ist, darf ihm fremd sein (wir finden hier, wie Sie sehen, die Maxime des Terenz wörtlich wieder), und aus diesem Grunde darf er niemals auf einer zu engen wissenschaftlichen und technischen Basis ausruhen." Und ein anderer Physiker, der selber dem Ideal der vergangenen Kultur, den Humaniora von einst, sehr wenig zugetan ist, Louis Leprince-Ringuet, unser großer Spezialist für kosmische Strahlen, hat in einer kleinen kürzlich erschienenen Schrift *„Des atomes et des hommes"* („Atome und Menschen"), was die hohen Ränge der wissenschaftlichen Forschung anbelangt, die Superiorität der vorher von einer starken humanistischen Bildung geformten Spezialisten über die Techniker mit einem begrenzteren Ausbildungsgrad formell anerkannt. Es ist der gleiche Standpunkt, den er noch im vergangenen September auf dem Internationalen Treffen in Genf verteidigte, und er war nicht der einzige, der ihn in dieser Form verteidigte.

VII

Wir sind nun bei dem Widerspruch angelangt: ein Humanismus, der zu einer allgemeinen Kultur (culture générale) führt, bleibt zwar wünschenswert, ja notwendig, aber erscheint heute unmöglich. Doch stellen wir unverzüglich fest – wir haben es bereits angedeutet –, daß es mitunter einer leichten Wendung zwischen *„unmöglich"* und *„sehr schwierig"* bedarf, um eine Lösung möglich zu machen. Es handelt sich im übrigen darum, zu unterscheiden zwischen dem Ideal, dem Theoretischen und dem tatsächlich Menschlichen, der Praxis.

Nach alledem hat noch niemand jemals alles gewußt, jedenfalls nicht seit sehr langer Zeit, wenn man voraussetzt, daß Pico della Mirandola, im Besitze eines erstaunlichen allwissenden Gedächtnisses, in seinen 900 Thesen das gesamte, übrigens nicht sehr umfangreiche Wissen seiner Zeit festgehalten hat. Diese Leistung ist freilich nie wiederholt worden, noch ist überhaupt der Versuch dazu gemacht worden, und Goethe, das souverän-universale Genie an sich, erklärte bereits: „Was man weiß, weiß man im Grunde nur für sich" oder auch: „Nur der weiß gut, der wenig weiß." und sogar: „Den Spezialfächern müssen wir uns zuwenden[1]." Man sieht also, wie klug er sich auf dem Gebiet der allgemeinen Kultur zeigte, und man hat lediglich die Mühe der Wahl, um seine Maximen und Reflexionen über diesen Gedankenkomplex zu zitieren.

Wenn sich auch das Problem heute in einer unvergleichlich komplizierteren Form darstellt, so ist es zumindest nicht in *seinem Wesen* grundsätz-

---

[1] Bei den zitierten drei Maximen Goethes handelt es sich um die Nr. DXCV, CCLXXXI und DCCLXXI der Ausgabe Hecker, 1907.

lich neu trotz seines enormen *stufenweisen* Anwachsens. Wie können wir
eine Möglichkeit ins Auge fassen, um auf einen, ich wage nicht zu sagen, Beginn der Lösung, vielmehr auf eine Orientierung, Forschungsrichtung oder
Vertiefung zu schließen?

Zunächst einmal handelt es darum, den Begriff des Humanismus in seiner
Gesamtheit zu erfassen und ihm seinen tiefen Sinn wiederzugeben. So sage
ich z. B. nicht, wie es allzu oft geschieht, „Neu-Humanismus", oder gar
„wissenschaftlicher oder technischer Humanismus". Der wahrhafte Humanismus hat im Grunde niemals darin bestanden, daß er sich mit dem Her-
unterleiern einiger Stellen griechischer Autoren oder lateinischer Verse be-
gnügte. Er ist die integrale und natürlich ideale Summe all dessen, was in
der Vergangenheit und allerorts die Größe des Menschen ausmachte. Ihn
nur auf die schöne Literatur beschränken zu wollen, wie es gestern noch
geschah, würde im Widerspruch stehen zu seinen Ursprüngen, insbesondere
zu seiner platonischen Formel, einem ganzen Teil seiner Geschichte und
vornehmlich heute seiner aktuellen Rolle. Aber vergessen wir nicht, daß,
wenn er auf Grund seiner Definition auch die Naturwissenschaften erfassen
muß, er sich nicht noch mehr, wie man es heute allzuoft hört, auf sie beschränken kann. (Das wäre eine Parallele zu dem Irrtum der nur literarisch ausgerichteten Humanisten.) Da nichts Menschliches ihm fremd ist,
und insbesondere nichts von dem, was dem Menschen zur Ehre gereicht,
muß er heute die Naturwissenschaften berücksichtigen, die ihren überragen-
den Anteil, der ihnen zukommt, noch vergrößern. Er erfaßt den ganzen
Menschen in seiner Vergangenheit und seiner Zukunft. Die moderne Tätigkeit in den „Wissenschaften vom Menschen" erweckt die Vergangenheit zu
neuem Leben und, in ihrem Wesen zutiefst humanistisch, breitet sich über
die ganze Erde, weit über die Grenzen der mediterranen Antike, aus. Wir
dringen immer weiter vor, wir steigen immer höher. Die Archäologie, die
Kunstgeschichte beweisen es in glänzender Weise auf ihren Gebieten. Die
neue Welt, der ferne Orient, alle Aspekte der Menschheit werden in unseren
Tagen erforscht. Einer unserer französischen Lehrer der Orientalistik, der
große Indienkenner Sylvain Lévy, hat den Wert dessen aufgezeigt, was er
den „buddhistischen Humanismus" nennt und ein schönes Buch geschrieben,
in dem er das *Indien als Bildungsträger* preist. Und gewiß verfügen Sie
über eine Anzahl ähnlicher Beispiele unter Ihren Gelehrten.

Es ist also ein totaler Humanismus, eine grandiose Sicht nach Maßgabe
der Zivilisation, in der wir angelangt sind, – die sich mit dem großen Problem auseinandersetzen muß, mit dem wir uns einen Augenblick beschäftigt

haben. Das ist das Prinzip, ich wiederhole es, und bevor wir auf die Unzulänglichkeiten der Praxis, alle jene unvermeidbaren menschlichen Schwächen eingehen, sei noch einmal das Prinzip selbst klar und eindeutig herausgestellt. Jeder von uns ist sich darüber klar, daß er in seine Fehler zurückfällt, aber der ganze Unterschied besteht darin, daß man entweder den Begriff der Sünde verliert oder den Gewissensbiß daran bewahrt. In der Welt des Geistes ist es nicht anders als in dem Universum des Gewissens.

Humanismus und Naturwissenschaft berichtigen und nähren sich gegenseitig. Die Naturwissenschaft ist in gewisser Weise eine Zäsur in der Zeit, ein Einschnitt in der Stunde *Null,* im gegenwärtigen Augenblick: die Vergangenheit ist für sie tot, unbrauchbar, die Naturwissenschaftler sind, sozusagen auf Grund ihrer Konstitution, auf die Zukunft gerichtet. Die Humanisten sind, in etwa aus denselben beruflichen und funktionellen Gründen, mit Vorliebe Menschen der Vergangenheit. Gelehrsamkeit ist nicht Wissenschaft. Jene richtet den Blick noch rückwärts, diese schreitet nach vorn. Beide also nehmen einander in Anspruch und ergänzen sich. Aber der abgewandte Humanismus muß in der Lage sein, uns vorzuschreiben (oder uns fühlen zu lassen), worin die Vernunftwidrigkeit besteht, wenn man annimmt, daß sich nichts geändert oder daß sich alles geändert hat, – was modern ist in der Welt und was stets „eine Sache für immer" bleibt.

Und sodann werden neue Notwendigkeiten neue Mittel und geeignete Methoden erfordern. Oppenheimer selbst hat bemerkt, daß man zur Lösung des Problems jede Gelegenheit ergreifen müsse, um die verschiedenen Spezialisten zu vereinigen und zusammenzuführen. Ich habe an seinen geistigen Austausch mit dem Orientalisten de Berkeley erinnert, der ihn Sanskrit gelehrt hat. Ja, wenn es für jeden von uns heute immer schwieriger wird, aus seinem eigenen Spezialgebiet herauszutreten, so möge er sich wenigstens bemühen, wenn möglich regelmäßig und mit anderen Spezialisten in einen geistigen Austausch zu treten; er möge versuchen, seine eigenen Auffassungen zu variieren und zu vergleichen, und, wenn er in Stunden der Muße humanistischen Studien nachgegangen ist, das Wesen ihrer Kultur oder, wenn er seinen Kindern bei den Schulaufgaben hilft, die schönsten Texte seiner Jugend wiederzuentdecken. Das ist um so notwendiger, je spezialisierter wir sind.

Die Zukunft wird uns vielleicht Menschen bringen, die eine Verbindung suchen: zuverlässige, erprobte Wissenschaftler, jedoch keine schöpferischen Menschen; Lehrer oder andere (auch ehemalige Lehrer), die zwischen den verschiedenen Spezialgebieten die Verbindung herstellen. Es wird sich als

notwendig herausstellen, daß die Meister ihres Faches, die großen Entdecker
nicht mehr zögern, es als eine soziale, menschliche Aufgabe zu betrachten,
von Zeit zu Zeit Werke zu verfassen oder die allgemeinen Ideen vorzutragen, die mit einer unvergleichlichen Autorität nur die zum Ausdruck
bringen können, deren vollkommene Meisterschaft eine ungeheure Materie
souverän beherrscht. Wie freue ich mich, hier ein schönes Beispiel zitieren
zu dürfen; es ist das Beispiel eines Ihrer Nobelpreisträger, Max von Laue,
der die kurze und so reichhaltige „Geschichte der Physik" geschrieben und
vor einigen Jahren veröffentlicht hat. Es ist das Modell eines Werkes, das
er gelegentlich erträumte, das Vorbild einer Richtschnur für alle diejenigen,
die eine Gesamtschau einer höheren Wissenschaft in ihrer Entwicklung anstreben. Es ist natürlich wichtig, daß man nicht in die technischen Einzelheiten einzudringen sucht, wenn man nicht entsprechend vorbereitet ist; auf
dem Wege über die Gipfel, über die große Gesamtschau, den Geist der
Methoden, wird man versuchen müssen, das zu begreifen, was nicht zum
jeweiligen Spezialgebiet des einzelnen gehört. Vor allen Dingen (und das
um so mehr, je seltener und kürzer die Stunden werden, in denen man etwas
anderes tun kann, als was zum persönlichen Beruf gehört) wird man zu den
guten Quellen zurückeilen und sich vor den verabscheuungswürdigen Informationen oder schlechten Büchern in acht nehmen müssen. Das wäre im
übrigen eine dringende Aufgabe, überall (vor allem in Presse und Rundfunk) jene zuverlässigen Informationsleute, jene erprobten Verbindungsmänner einzusetzen, auf die ich weiter oben anspielte. Zur Zeit gibt es bei
unseren Sitten schreiender und verfälschter Reklame eine Art Gesetz von
Gresham, nicht mehr auf wirtschaftlichem, sondern auf wissenschaftlichem
Gebiet, das man wie folgt formulieren könnte: *die schlechte Information
verjagt die gute.*
Fügen wir hinzu, daß der Leser, der guten Willens, aber mit der Materie
nicht vertraut ist, ein lebhaftes Interesse daran haben wird, zu den klaren
Vorstellungen eines befreundeten Wissenschaftlers seine Zuflucht zu nehmen, um ihn um Erklärungen zu bitten, die dazu beitragen, seine persönliche Erfahrung und insbesondere seine Lektüre zu klären oder zu bereichern.
Somit kommen wir wiederum auf jenen Begriff gegenseitiger Hilfsbereitschaft zurück, der sich noch einmal sozusagen aus der rein geistigen Ebene
in die Ebene technischer Wirksamkeit verlagert. Alles was dazu beiträgt,
die in ihren Spezialfächern zersplitterten Kräfte der Menschen zusammenzufassen, alles, was dazu angetan ist, jenen menschlichen Sinn mit dem
Dialog, dem geistigen Austausch zu beleben, all das wird für die Zukunft

die Mittel des Humanismus zur Verfügung stellen, und ich darf die Frage an Sie richten, ist das nicht schon ein großer Fortschritt? Was ein Einzelner nicht fertigbringt, eine Gruppe hier und da zusammengefaßter Einzelner wird es schaffen.

Und noch eins: es gehört zum Wesen des Humanismus, an den Fortschritt des Menschen trotz so vieler Rückschläge zu glauben. Man muß daran glauben, daß auf den Rückschlag wieder die Besserung folgen kann. Die Menschheit hat bereits viele Hindernisse überwunden, und mitunter in *unvorstellbarer* Weise, in des Wortes strenger Bedeutung. Die Paläontologen belehren uns heute, daß im Laufe des Tertiärs die Pyrenäen Spanien von Europa abzuschneiden und es zu einer besonderen geologischen Welt zu machen schienen. Nun, die furchtbare Barriere ist vom Menschen überschritten oder überwunden worden, wir wissen zwar nicht wie, aber eine Anzahl von Spuren führt zu der Annahme, daß die spanische Bevölkerung sich von Norden her entwickelte, wenigstens in der älteren Steinzeit.

Nichts ist verheerender selbst als wissenschaftliches Prinzip und als Verhaltensregel des menschlichen Geistes, als die Bewegung des Geistes von vornherein zu begrenzen. Sinnlos wäre es, wollte man einem jungen Mediziner sagen: „Es ist heute zwecklos, den ganzen menschlichen Körper kennenzulernen; Sie müssen sich spezialisieren und brauchen nicht mehr das ganze zu wissen." Denn es gibt tatsächlich eine blind machende Einheit des Organismus, niemand zweifelt daran.

Die moderne Welt bietet uns das gequälte Bild eines in der Krise befindlichen Körpers. Der Mensch ist nicht mehr sicher, ob er jene gigantischen Probleme zu lösen in der Lage ist, die die Gegenwart und nahe Zukunft der bei ihrer Reife angelangten Spezies stellen. Es ist – jedoch unvergleichlich stärker – jenes Gefühl des Entsetzens, das viele unserer Vorfahren packte, als mit dem System des Kopernikus die Erde ins Unendliche abgeglitten zu sein schien. Heute scheint sich alles in seinen Ausmaßen geändert zu haben; die monströsen technischen Auswüchse – die Maschinen, die unsere Glieder verlängern und die Gesamtheit dessen, was den Rahmen unseres heutigen Daseins bildet – all das läßt uns rat- und hilflos zurück, und man könnte mit einem bekannten Ausdruck sagen, daß „wir manchmal nicht wissen, was wir mit unseren Armen machen sollen", wie man das von einem Kind sagt, das zu schnell gewachsen ist... Und trotzdem, seien wir davon überzeugt, daß hier das wahre Merkmal der Menschheit, die Sendung des Menschen liegt. Die biologische Entwicklung bezeugt, daß der Mensch das am wenigsten spezialisierte Tier ist: ein Tier ist irgendwie nur ein sehr spezielles

Werkzeug; der Mensch selbst aber ist kein Werkzeug, weil er diese alle
macht. Dieser Hinweis könnte schon als solcher beweisen, daß, wenn der
Fortschritt die geistige Spezialisierung erfordert, es sich dabei nur um ein
notwendiges Übel handelt und daß man diesem Übel so weit wie möglich
durch die der menschlichen Spezies eigene „Ent-Spezialisierung" begegnen
kann.

Wir erinnerten daran, daß man vor dem Umfang der modernen Probleme
verzagen und mitunter an die Unmöglichkeit ihrer Lösung glauben konnte.
Aber es ist nicht mehr sicher, daß kein Problem mehr vom Menschen überwunden werden kann. Und um einen berühmten Ausspruch unter Abände-
rung wieder aufzunehmen, wollen wir feststellen, daß heute der Mensch
eine *Furcht* ist, die überwunden werden muß. Das Risiko gehört zur Bedin-
gung des menschlichen Lebens. Es ist stets – man wird sich nicht darüber
wundern, daß wir mit einem Wort Platons schließen – es ist immer *ein
schönes Risiko:* καλὸς γὰρ ὁ κίνδυνος.

Diskussion

Professor Dr. phil. Joseph Höffner

Herr André George hat mit Recht betont, daß der Fachwissenschaftler – bei aller notwendigen Spezialisierung – sich einen offenen Blick für die übrigen wissenschaftlichen Disziplinen bewahren und der geistigen Universalität zustreben müsse. Dabei möchte ich eine in die Breite und eine in die Tiefe gehende Universalität unterscheiden. Ein breites, sich auf mehrere Disziplinen erstreckendes Wissen führt ohne Zweifel zu einer gewissen Universalität. Wichtiger scheint mir jedoch zu sein, daß jede wissenschaftliche Disziplin in ihrem eigenen Bereich in die Tiefe steigt und zu den letzten philosophischen Grundlagen vorzudringen sucht. Dann wird sich ergeben, daß die verschiedenen wissenschaftlichen Disziplinen sich gerade in den philosophischen Grundlagen treffen und zum Dialog kommen.

Professor Dr. phil. Walter Weizel

Die geschilderte Krankheit, die dringend nach Abhilfe verlangt, ist nicht neu. Sie hat schon immer bestanden, man beginnt sie nur jetzt zu erkennen.

Ich knüpfe an das Wort an, daß man Newton jedem Kind erklären kann. In der Tat, man erklärt vielen Kindern in verhältnismäßig frühem Alter Newton. Ein Teil versteht ihn auch. Kann man jedem Kind aber auch Pasqual erklären? Nun, einige der Gedanken Pasquals kann man sicher fast jedem Kind erklären, nämlich seine einfachen Sätze aus der Geometrie. Aber es bleibt doch sehr zweifelhaft, ob man einem Kind die Philosophie Pasquals nahebringen kann. Ich gehe einen Schritt weiter. Wer würde den Versuch machen, einem Kind David Hume zu erklären? Das dürfte kaum möglich sein. Oder wer würde es gar unternehmen, einem Kind Kant erklären zu wollen? Das ist bei einem Erwachsenen schon außerordentlich schwierig, sogar, wenn der Erwachsene Vorkenntnisse und eine philosophische Vor-

schulung hat. Aber verlassen wir die Philosophie. Kann man einem Kind
Michelangelo nahebringen? Das ist wahrscheinlich noch möglich, insbesondere, wenn das Kind eine höhere Schule besucht hat, also eine Menge Vorstellungen aus der antiken Welt mitbringt. Einem solchen Kind wird man
wohl auch Correggio nahebringen können, vielleicht sogar Dante.

Nun möchte ich aber folgende Frage in die Diskussion bringen. Wird man
Michelangelo, Correggio und Dante auch einem Bauern aus Bayern oder
aus der Normandie nahebringen können? Ich will damit zeigen, daß alles –
vielleicht Kant und Dante, sicher Michelangelo und Correggio – einem Kreis
von Menschen nahegebracht werden kann, die sich sozusagen beruflich mit
kulturellen Dingen befassen. Dagegen ist es auch früher nicht möglich gewesen, die kulturellen Hochwerte jenen Menschen nahezubringen, die in
ganz anderen Berufen tätig waren, z. B. in der Landwirtschaft, im Bergbau,
bei der Eisenbahn, Menschen also, die nicht zufällig die Voraussetzung dafür
mitbrachten, sich erfolgreich mit diesen Gegenständen zu befassen. Ihnen
konnte man auch bisher kaum Michelangelo und Correggio, schwerlich
Dante und schon gar nicht Kant näher bringen.

Es war schon immer so, daß nur ein verhältnismäßig kleiner Kreis kraft
der besonderen Bedingungen seiner beruflichen Beschäftigungen oder seiner
besonderen Ausbildung Zugang zu den kulturellen Werten fand und ein
besonderes Verhältnis zu ihnen gewinnen konnte. Die soziale Krankheit
hätte schon immer darin gesehen werden können, daß dieser Kreis nur ein
sehr kleiner Teil der Gesamtbevölkerung war, während der Hauptteil am
Humanismus kaum teilnahm.

Was ist nun das Neue an der heutigen Situation und was führt dazu, daß
man sie jetzt erkennt, während man sich früher darüber wenig Gedanken
gemacht hat? Neu ist folgendes:

Im Laufe des letzten Jahrhunderts ist eine Menge von Dingen entstanden,
die für das menschliche Leben von großer Bedeutung sind und die nicht so
einfach sind, daß sie jedes Kind versteht, wie z. B. Newton. Heisenberg, de
Broglie, Schrödinger oder Laue sind nicht so leicht zugänglich wie Newton.
Um sie zu verstehen, muß man schon eine naturwissenschaftliche und tech-
nische Vorbildung haben, wie sie der höhere Schüler auf dem geisteswissenschaftlichen Sektor erwirbt und deshalb Verständnis für Correggio oder
Michelangelo hat. Eine solche naturwissenschaftliche Ausbildung bekommt
der höhere Schüler aber nicht, sondern auf naturwissenschaftlichem Gebiet
erhält er nur eine Vorbildung, die – gemessen an der geisteswissenschaftlichen Ausbildung – etwa der Fertigkeit des Lesens entspricht.

Der relativ kleine Kreis, der sich bisher mit Kultur beschäftigte, sozusagen beruflich, steht also nun vor der unerfreulichen Situation, daß es neuerdings wichtige Bereiche gibt, zu deren Verständnis ihm alle Vorkenntnisse fehlen. Vor 100 Jahren war dies noch nicht so, denn Newton konnte man auch ohne Vorkenntnisse verstehen. Dem heutigen technischen und biologischen Bereich steht aber der „Gebildete" normalerweise völlig hilflos gegenüber.

Das Grundübel besteht darin, daß es viele Menschen gibt, die zu den Werten der menschlichen Kultur in kein richtiges Verhältnis kommen können. Neuerdings sind auch die Gebildeten in dieser Lage.

Wenn ich auch Konsequenzen nur vorsichtig ziehen möchte, möchte ich doch glauben, genau so wie die gegenwärtigen großen Katastrophen wahrscheinlich von dieser Krankheit herrühren, wird es auch bei früheren Katastrophen gewesen sein. Es ist sicher sinnvoll, sich zu bemühen, das Übel richtig zu erkennen. Das ist jetzt glücklicherweise geschehen. Zu glauben, daß dieses Übel neu und für unsere Zeit charakteristisch sei, dürfte ein Irrtum sein. In etwas veränderter Form haben ähnliche Situationen fast zu allen Zeiten bestanden.

Staatssekretär Professor Dr. h. c. Dr. E. h. Leo Brandt

Ich glaube aber, daß man sich mehr darum bemühen müßte, schwer verständliche Fragen in eine Form zu bringen, daß andere sie auch verstehen können.

So kann man ein Naturgesetz mit schwierigen mathematischen Methoden so kompliziert darstellen, daß es nur ein kleiner Kreis von Fachleuten versteht. Man kann sich auch bemühen, die Zusammenhänge so einfach darzulegen, daß sie auch von Nichtfachleuten in ihren Grundzügen erfaßt werden. Wenn dies manchmal auch nicht ganz ohne Schwierigkeit ist, scheint mir doch eine solche Darstellung für viele Gelegenheiten erstrebenswert zu sein.

Prälat Professor D. Dr. Georg Schreiber

Wenn man die Welt vom Flugzeug her erblicken kann und nicht Nebel unter sich hat, sondern helle und sonnige Landschaft, so kann einem ernste und vielseitige Erkenntnis zuwachsen. Das Detail tritt im Flug zurück: ob es die Nordsee ist, die unten brüllt, eine Brandung, die man aber nicht mehr hört, ob es die weitgezogene Alpenkette ist, die man überfliegt. Das Detail wächst, von oben gesehen, zu einer großen gewaltigen Einheit der Atmosphäre und der Eindrücke zusammen. Es ist manchmal eine Gnade, besinnlich in einem Flugzeug zu fliegen. M. le Président, der zu uns gesprochen hat, war zweimal Flieger in zwei Weltkriegen. Anscheinend ist auch über ihn etwas gekommen, was ihm heute in seinem Vortrag den Blick für Einheiten, für Ganzheiten und für Synthesen geöffnet hat!

Sie haben das Thema „Humanismus" genannt. Sie hätten es im Sinne Ihrer Ausführungen auch „Das Hohelied des Geistes" aussprechen können. Das war Ihr persönliches Bekenntnis. Ihr Vortrag hat in seiner Gliederung eigentlich zwei Gruppen gekennzeichnet: die eine war das historische Bild des Humanismus, die andere behandelte Gegenwartsfragen, ob dieser Humanismus heute noch eine Aktualität besitzt.

Was die Geschichte des Humanismus betrifft, so dürften alle, soweit Dürer auf die Quellen der Antike zurückgeht, Ihnen zustimmen, nicht aber, was das *Mittelalter* betrifft. Da fehlt einiges, was auch schon der Herr Vorredner bemerkte. Einer Frau, die schlicht und einfach vor der Pietà von Michelangelo betet, fließt auch etwas von Michelangelo selbst zu. Der schöpferische Genius hat eine fast unmerklich leise Art, sich mitzuteilen. Mein Lehrer Kurt Breysig hat einmal mit Recht gesagt: „Was ist denn eigentlich das Größte am Kunstwerk? Ist es die Konzeption? Ist es die Form?" Am Ende doch sagt Breysig in einer allgemein-menschlichen Wendung: „Das Größte ist die Liebe, die sich von dem Kunstwerk den Beschauern, hie und da auch den Betern mitteilt!"

Sie haben an einer Stelle, in der Sie die historischen Linien aufreißen, gesagt, daß als die beiden großen Grundpfeiler für den Humanismus 1. das *Christentum* und 2. die *Antike* zu nennen sind.

Sie haben die Antike mit besonders starken Akzenten versehen, durchaus berechtigt, denn auch die Renaissance hat neue Akzente der Anerkennung gefunden. Neben dem weiteren Grundpfeiler des Christentums gibt es aber noch einen dritten Pfeiler: das ist die *Nation*. Sie gehört mit dazu. Wenn Sie die Quellen der merowingischen Zeit aufschlagen, dann finden Sie bereits das konstruktive Leitmotiv für die gesamte französische Geschichte. Sie sind ja hier der Vertreter der großen französischen Nation, deren Leitmotiv lautete: „Gesta Dei per Francos". In diesem Motiv ist bereits versucht, auch kulturphilosophisch die Welt und Weltläufigkeiten geozentrisch wie theozentrisch zu sehen. Das sollte man Frankreich nie vergessen.

In dieser Idee der Nation – und da folge ich Walter *Götz,* der zwar eine ganz andere Grundanschauung hatte als ich selbst – stecken gleichzeitig religiöse Werte, die gelebt und erlebt sind. Walter Götz spricht seinerseits von der Entstehungsgeschichte der *italienischen* Nation. Sie ist in vieler Hinsicht älter als unsere, wenn sie auch zu demselben Ergebnis der Nationreife gekommen ist. Da spricht Götz im Blick auf Franz von Assisi von religiösen Grundkräften des Nationalen. Der auch religiös gespeiste Nationalitätsbegriff enthält weiter Figuren der französischen Geschichte, wie Ludwig IX. und die Jungfrau von Orléans. Wenn Sie den Prozeß der Jeanne d'Arc verfolgen und ihr Bild ansehen, wie sie heute dasteht, mit der Trikolore in der Hand, dann empfinden Sie so recht, was sie in Gegensatz zu Voltaire für den Anstieg und die innere Festigung der Nation bedeutete. Man durchwandert nur die ihr kultisch zugeneigten Dorfkirchen der Provence.

Lassen Sie mich ein anderes aussprechen. Es war so wohltuend, daß Sie den Begriff der Person und des Persönlichkeitswertes eingefügt haben, etwa wie Hermann *Schell* diesen als selbstsicheren Besitz seiner selbst gesehen hat. Es ist ja wenig befriedigend, wenn man immer wieder vom farblosen Individuum hört.

Sie sprachen vom *Spezialistentum* und sind nicht in den Fehler verfallen, den Sie bei Heinrich v. Kleist nachlesen können, der versucht hat, eine Definition vom Spezialistentum aufzustellen, als er dem Sinne nach sagte: Der Spezialist ist wie eine Raupe, die auf einem Blatt sitzt und die nicht zufrieden ist, bis sie das ganze Blatt aufgefressen hat. Sie haben versucht, die Synthese von Spezialistentum und Ganzheit zu finden. Man muß sagen, daß es Ihnen gut gelungen ist. Denn als Sie sich langsam in Ihrem Diskurs vorarbeiteten, hatte man nicht die Empfindung, daß am Ende doch der Pessimist siegen könnte. Das ist nicht Ihre Art! Sie sind nach dieser Seite ein Realist, Sie sind im Grunde genommen ein Optimist! Sie sind Anhänger der befreienden *Idee,* die sich unter allen Umständen durchsetzen wird.

Ihre heutigen Ausführungen erinnerten mich an so manche Vorträge, die ich in der *Max-Planck-Gesellschaft* gehört habe, und ich war erfreut, daß Sie einige der Großen herausgestellt haben: Werner Heisenberg, Max v. Laue, Friedrich von Weizsäcker. In der Max-Planck-Gesellschaft habe ich gehört, daß im Experiment oft erst der tausendste Versuch gelingt. Und doch werden diese Experimente gemacht, weil ihnen eine große beherrschende Idee vorschwebt, zu der dieser Aufmarsch und Durchbruch gefunden werden muß. Wenn man das ausspricht, weiß man, daß Spezialistentum, das Allgemeine und die Synthese im Grunde genommen sich immer wieder finden; sonst würden die Forschung und die Wissenschaft austrocknen.

Sie sprachen vom *Islam,* und da Sie selbst in Algier geboren sind, habe ich lebhaft zugehört und mich gefreut, daß Sie auch den Islam als Kulturproblem hier herausgestellt haben.

Lassen Sie mich noch etwas sagen.

Ich hätte gerne gehabt, wenn Sie Heisenberg in einer breiteren Form behandelt hätten, und hätte ebenfalls gerne auch etwas von Otto Hahn, Max Planck und Max v. Laue gehört. Das ist mehr oder minder ein Aufmarsch in die Vorzimmer der Metaphysik. Wenn man in der erwähnten Wissenschaftsgesellschaft Beratungen zuhört und sich in persönlichen Gesprächen darüber unterhält, die nicht immer gleich literarisch geformt werden, verstärkt sich doch der Eindruck, daß der Drang zum Metaphysischen eine äußerst wichtige Wende in unserer Zeit ist, auch eine Wende zur Ganzheit und Synthese, die Sie berührt haben. Ich hätte gerne das Wort Metaphysik in Ihrem Vortrag gehört.

Nun ein Wort zu *Einstein.*

Ich hatte die Freude, manchmal mit ihm zu essen und oft mit ihm zu sprechen, was sich zunächst nur etatmäßig für die Zwecke der Kaiser-Wilhelm-Gesellschaft anließ. Es war eine Freude, dabei zu sein. Wenn ihm nachgesagt wird, große, bedeutende naturwissenschaftliche Erkenntnisse müßten so einfach gedeutet werden, daß jedes Kind das verstehen könne, so wissen wir, daß diese Forderung eine große Übertreibung darstellt. Da hat auch der Herr Vorredner, Herr Weizel, durchaus recht, wenn er gewisse Bedenken angemeldet hat. Aber mit Einstein war, um eine nähere Kennzeichnung beizubringen, etwas Besonderes. Einstein war nicht weltläufig. Einstein war nicht universal ausgerichtet, obwohl er im Durchbruch seiner Idee ins Allgemeine und ins Einheitliche hineinwuchs. Aber dieser große Gelehrte war im Grunde genommen – verzeihen Sie den Ausdruck! – ein großes Kind, aber im besten Sinne des Wortes, auch von seinem inneren Gemütsleben her gesehen, auch mit den schlichten Formeln, mit denen er versuchte, Mensch und Dasein zu erklären! Eigentümlich, in welchen einfachen Denkbahnen dieser große, geniale Mann sich bewegte, wenn er seine Umwelt zu erklären versuchte. Wir haben Gespräche von Goethe mit Eckermann. Wenn wir Gespräche von Einstein mit anderen hätten, würde die Figur nur noch ins Größere hinauswachsen.

Staatssekretär Professor Dr. h. c. Dr. E. h. Leo Brandt

Ms. George hat uns gesagt, daß die moderne Wissenschaft doch auch wieder in irgendeiner Form zu Ganzheiten strebt. Er hat von Heisenberg gesprochen, von dem ich einen Vortrag über die Philosophie und das heutige Weltbild der Physik anläßlich der Weltatomkonferenz im Saal der Akademie in Genf gehört habe. Er versuchte darzulegen, daß möglicherweise eine einzige Formel einen wesentlichen Teil der modernen Naturwissenschaft abstecken kann. Es ist ein Streben zum Ganzen.

Ich darf eine neue Seite aus dem modernen öffentlichen Leben erwähnen, die auch zu einer Ganzheit – wenn ich das Wort für das, was ich hier meine, gebrauchen darf – führt.

Es gibt ein technisches Mittel, wie es die Menschheit niemals besaß, ein Mittel von einer unerhörten revolutionären Kraft, das uns eine Verpflichtung und Verantwortung auferlegt, von deren Umfang wir uns noch keine Vorstellung machen, das Fernsehen. Denken Sie daran, daß jeden Abend in der Bundesrepublik Deutschland vier oder fünf Millionen Menschen sich das gleiche Programm ansehen. Bedenken Sie dieses Hinstreben zu einem Ganzen, dieses Zusammenfassen zum gemeinsamen Erleben – eine Vorstellung, die niemals vorher eine Generation gehabt hat. Fünf Millionen Menschen! In England sind es 15 Millionen, die Zahl wird sich noch erheblich steigern.

Und nun den Zusammenhang mit dem Thema: Wir müssen uns der Verpflichtung bewußt sein, daß ein solches Mittel dem dient, was der Herr Vortragende gesagt hat, nämlich Millionen Menschen – und das hängt mit den Ausführungen von Herrn Weizel zusammen – die Möglichkeit zu geben, große Gelehrte wie v. Laue, Heisenberg, von Weizsäcker, oder große Männer der Geisteswissenschaften persönlich sprechen zu hören. Sie können die Vorgänge, die möglicherweise als kompliziert angesehen werden, durch sorgfältige Analyse vereinfacht darstellen, ohne daß das Ergebnis als Simplifikation dargestellt wird. Es gibt also Möglichkeiten im Sinne des Vortrages zur Hebung der Bildung. Auf der anderen Seite besteht ebenso die Möglichkeit, daß dieses große Geschenk der Naturwissenschaften mißbraucht wird, indem fünf Millionen Menschen jeden Abend vor den Bildschirmen minderwertige Darbietungen vorgesetzt werden können. Bedenken Sie die furchtbare Verantwortung für die wenigen Menschen, die das Programm zusammenstellen.

Professor Dr. phil. Josef Pieper

Ich möchte noch einige kritische Fragen formulieren.

1. Wird nicht, in einer trügerischen Kontinuität, der Humanismusbegriff im Sinne der paideia der Griechen mit dem Humanismusbegriff der Renaissance und der Neuzeit überhaupt verknüpft und gleichgesetzt? Ich würde das, was die Griechen paideia nannten, akzeptieren: das Gegenwärtighalten dessen, was zum Menschen und zur Verwirklichung des eigentlich Menschlichen gehört. Wenn Kriton (Euthydemos 306) zu Sokrates gewendet sagt: „Wann immer ich dir begegne, will es mir wie Wahnsinn erscheinen, daß man sich um alles Mögliche kümmert, nur nicht um wahre Bildung (paideia)", dann ist „Bildung" nicht historisch gemeint, nicht als Lektüre irgendwelcher Autoren; während heute, wie der Referent es definiert hat, das Studium der antiken Autoren als das entscheidende Begriffselement von „Humanismus" angesehen wird.

Dieser Unterschied aber ist entscheidend. Und ich glaube, wenn Humanismus für uns einen Sinn behalten soll, dann müssen wir an den ursprünglichen antiken Begriff anknüpfen. Die Griechen selber aber haben unter dem, was den Menschen zum Menschen macht, verstanden, daß der Mensch eine Beziehung, eine erkennende Beziehung zu dem Totum der Welt haben müsse, nicht zu dem Vielen, sondern zum Ganzen. Der menschliche Geist ist bei den Alten so verstanden, daß er im Grunde nichts ist als Empfänglichkeit für das Ganze; und wo immer diese Empfänglichkeit erfüllt wird, da ist das eigentlich Menschliche realisiert. Die Vertiefung in das Einzelne ist damit natürlich nicht nur nicht ausgeschlossen, sondern geradezu eingeschlossen. Wenn aber die Beziehung zum Ganzen der Welt („Die Seele *ist* alles, weil sie das Ganze erkennen kann", sagt Aristoteles), wenn dieser Kontakt zum Totum der Welt realisiert ist, dann kann sogar getrost noch mehr Spezialisierung in Kauf genommen werden.

2. Der Kern von Humanismus ist, meine ich, *nicht* „das Studium des Menschen", wie der Referent es formuliert hat, auch nicht das Studium des ganzen Menschen. Sondern: Der Mensch wendet sich der Gesamtwirklichkeit zu; dazu gehört freilich auch der Mensch. Aber Humanismus als „Studium des Menschen" zu definieren, scheint mir hoffnungslos.

3. Es wurde die Frage aufgerollt, ob die Erkenntnis der Welt daran gemessen werden dürfe oder müsse, daß sie, diese Erkenntnis, praktikabel sei. Das, was Aristoteles und die Griechen überhaupt paideia genannt haben, und die Erkenntnis, die zur paideia gehört, war gerade nicht durch die Praktika-

bilität ausgewiesen, sondern dadurch, rein „theoretisch" zu sein. „Theoria" aber bedeutet eine Zuwendung zur Welt, der es auf gar nichts anderes ankommt als darauf, zu sehen, was ist.

Der ökonomische Materialismus heißt im Osten bekanntlich auch „Humanismus". Und das ist, glaube ich, gar nicht so illegitim; es gibt diese Deutungsmöglichkeit. Aber das wäre ein auf den Bereich des Praktikabeln eingeschränkter Humanismus, der uns nicht nur nicht rettet, sondern gerade verdirbt.

Aristoteles hat ein Wort gesagt, das hier, glaube ich, unbedingt ergänzend hinzugefügt werden muß: daß nämlich der Mensch diese theoria nicht leben kann, sofern er Mensch ist, sondern nur, sofern etwas Göttliches im Menschen wohnt. Damit ist eine Dimension von „Humanismus" bezeichnet, die, glaube ich, nicht ausgelassen werden kann. Theoria ist von Seneca und Cicero ins Lateinische übersetzt worden mit dem Wort „contemplatio". Diese Wendung auf den religiösen Bereich ist keine Abweichung vom ursprünglichen Begriff der theoria; sondern diese Ausrichtung war von vornherein gegeben.

4. Wenn es so ist, daß der Mensch dadurch das Menschliche besitzt, daß er weiß, wie es sich mit der Welt im ganzen verhält, dann ist offenbar vom „humanistischen" Menschen in unserem Sinne verlangt, daß er sich diesem Ganzen mit einer Offenheit und Unbefangenheit zuwende, die etwas viel Existentielleres ist als die Objektivität des Einzelforschers. Er muß sich mit einer Offenheit der Welt zuwenden, die alle Auskünfte, die möglich sind, zu akzeptieren bereit ist. Es ist gesagt worden, zum Humanismus in unserem Sinne gehöre auch das Christentum. Ein Christ aber ist dadurch definiert, daß er bestimmte Auskünfte über die Welt als Ganzes akzeptiert. Wenn die Griechen vom Ganzen gesprochen haben, dann haben sie den Mythos ausdrücklich einbezogen. Wenn Sokrates die letzten Auskünfte gibt, dann bezieht er die Auskunft des Mythos (die für ihn durchaus an der gleichen Stelle steht, an der bei uns die Auskunft der Offenbarung steht) ausdrücklich ein. Daß in bezug auf die Methode solcher „Einbeziehung" immer differenziertere und höhere Ansprüche von der Wissenschaft her erhoben werden, ist selbstverständlich. Wir können nicht die „naive" Weise der ersten Kirchenväter übernehmen.

5. „Es gehört zum Wesen des Humanismus, an den Fortschritt der Menschen zu glauben", so sagt der Referent. Wenn das so gemeint ist, wie Herr Staatssekretär es aufgefaßt hat, was sicher eine legitime Interpretation ist, daß man nämlich alles versuchen müsse, was überhaupt möglich ist, um den

Fortschritt zu realisieren oder den Rückschritt zu verhindern, – gut, einverstanden! Aber wenn der Satz besagt, daß wir, mit einigen Variationen vielleicht, die These der Fortschrittsphilosophie des 18. Jahrhunderts akzeptieren sollen, dann, glaube ich, erreicht uns das nicht mehr. Jedenfalls sieht man offenbar nicht den ganzen Menschen, wenn man nicht sieht, daß der Mensch von solcher Art ist, daß er dem Dasein der Menschenrasse ein Ende bereiten kann. Dies gehört doch wohl auch mit zum „Studium des ganzen Menschen". Und man darf sich, meine ich, nachdem das Christentum als ein Element des abendländischen Humanismus ausdrücklich anerkannt worden ist, nicht davon dispensieren, zu bedenken, daß es zur abendländischen Geschichtsvorstellung gehört, daß das Ende katastrophischen Charakter haben wird, und zwar den Charakter einer *geschichtlichen,* nicht einer „kosmischen" Katastrophe, die sich allerdings sehr wohl des letzten technischen und wissenschaftlichen Fortschritts bedienen kann.

Prälat Professor D. Dr. Georg Schreiber

Ich möchte auf einige Punkte der Diskussion zurückgreifen, nicht um zu polemisieren, sondern damit das eine oder andere noch weiter ausgeführt wird.

Wir haben alle in der Diskussion das Moment angetroffen, daß uns der Herr Vortragende zur Ganzheitsauffassung des Humanismus bringen wollte. Das ist ihm gelungen; das Wort „Ganzheit" ist Leitmotiv unserer Erörterung gewesen. Unser verehrter Herr Pieper, der ganz hervorragend das Bewußtsein des Mittelalters herausarbeitete, hat jedoch einen Ausdruck gebraucht, den ich persönlich nicht gebrauchen würde; er sprach von der Naivität der Kirchenväter.

(Prof. Dr. Pieper: Würde ich auch nicht gebrauchen!)

– Ich freue mich über Ihre Kapitulation, da Sie und ich ganz andere Auffassungen haben. Aber ich möchte zum Ausdruck bringen, daß das Gedanken sind, die zum Teil in den großen Publikationen Harnacks über Wissenschaft und Leben so wundervoll herausgearbeitet wurden, welch neuer Aufbruch sich mit den Kirchenvätern vollzieht. Wenn man Oratio 40 bei Gregor von Nazianz liest, was bringt sie? Sie bringt eine wahrhaft große Kulturphilosophie der Taufe. Man fühlt, wie eine neue Welt aufgebaut wird, eine andere geistige Architektur wie sie früher gewesen ist. Man möchte quasi etwas Revolutionäres vermuten, wenn es möglich ist, einen solchen Ausdruck mit dem Heilsgeschehen zu verbinden.

Auch hier ist in einer mehr äußeren Parallele vom Mythos der Offenbarung gesprochen worden. Nun, wir sprechen in der Diskussion ja dieses und jenes vielleicht schnell aus. Eigentlich ist es ja so, daß der Mythos nur parallel heranzuziehen ist. Dieser Mythos ist auch zum Teil in die Legende abgeströmt; ich erinnere daran, was allein von Indien her in die Legende übertragen worden ist. Aber diese Legende hat außerordentlichen Wert darauf gelegt, sich zu verchristlichen, so daß man von einer christlichen Legende sprechen muß.

Der Herr Vortragende hat die Schriften deutscher Physiker herangezogen. Ich möchte in einem Punkte empfehlen, noch etwas zu erwähnen; das war der unvergleichliche Vortrag von Otto *Hahn*, den er über das Spezialistentum gehalten hat. Er setzt uns bei dreien seiner Kollegen auseinander, was die Spezialarbeiten dieser Kreise an Wirtschaftswerten erbracht haben. Er war so realistisch, in unser Weltbild die kleinen Fortschritte wie auch die großen Errungenschaften einzufügen, und trotzdem geht er in diesem Vortrag beim Resümee von der Idee aus, wie sie der Herr Vortragende heute auch bei uns ausgebreitet hat.

Ich glaube, Sie dürfen den Eindruck mit nach Frankreich nehmen, daß wir Ihnen gerne gefolgt sind. Es wurde nur wenig über Ihre Tätigkeit mitgeteilt. Nun, wenn wir den vollen Titel der Zugehörigkeit zu wissenschaftlichen Organisationen, den Sie führen, auf das Titelblatt hätten setzen wollen, dann wären wir in Verlegenheit gekommen; wir hätten eine zweite Seite anlegen müssen — ganz zu schweigen, daß Sie das Kreuz der Ehrenlegion tragen, was auch nach der wissenschaftlichen Seite etwas bedeutet. Nochmals vielen Dank, daß Sie zu uns gekommen sind!

Ms. André George

Ich glaube allgemein feststellen zu dürfen, daß die Antworten, die ich auf meinen Vortrag erhalten habe, wohl ein Monolog genannt werden können. Sie waren so vielfältig und interessant, daß ich daraus schließen darf, daß die Dinge, welche ich vorgetragen habe, zu einem aktuellen Thema gehören, welches vielen von Ihnen zugänglich ist, gleichgültig, aus welchen Kreisen Sie kommen.

Erlauben Sie mir, daß ich, soweit es möglich ist — es wird unvollständig sein —, auf die verschiedenen Bemerkungen und Anregungen eingehe, die von Ihrer Seite vorgebracht worden sind. Ich werde Ihnen nicht im einzelnen persönlich antworten können, schon allein deshalb nicht, weil ich nicht alles wissen werde. Es ist mir also – wie gesagt – nicht möglich, auf all das einzugehen, was Sie mir an wertvollen Anregungen, aber auch Bestätigungen haben zukommen lassen. Sie werden jedoch verstehen, daß ich zu all dem, was Sie gesagt haben, nicht ganz schweigen kann.

Zur Frage von der extensiven und intensiven Universalität glaube ich sagen zu dürfen, daß gerade darin die Schwierigkeit des Humanismus der heutigen Zeit liegt, von einem kurzen Überblick auf das wirklich Wahre und Profunde des einzelnen zu kommen. Dafür wäre es unumgänglich notwendig, daß man eine Sprache spräche, die alle verstünden, und das ist – wie gesagt – die Schwierigkeit.

Ich glaube, daß in diesem Zusammenhang auch von dem Kriterium gesprochen wurde, welches zumindest zu Anfang praktiziert worden ist und allein auf Anwendbarkeit und Wirksamkeit der Leistung abgestellt war. Es war selbstverständlich, daß man späterhin von diesem Kriterium abweichen mußte. Dies ist nichts anderes als die Bestätigung dessen, was ich auch schon immer gedacht habe. Wir haben auch bei zwei jungen Mitarbeitern, die am Institut Poincaré bei uns sind, feststellen können, daß selbst in Rußland von dem Kriterium der Leistung abgegangen werden muß, zumindest was die Wissenschaft anlangt, und daß man den Menschen auch dort mehr Zeit und Möglichkeit lassen muß, sich eigene Gedanken zu machen, denn sonst werde man auch im Rahmen der Wissenschaft zu nichts anderem kommen als zu einem Stachanowismus. Auch in Rußland ist man zu der Erkenntnis gelangt, daß der wissenschaftliche Fortschritt nicht nur auf dem Kriterium seiner Anwendbarkeit bestehen kann und Fortschritte dieser Art nur erzielt werden können, wenn der ideelle Horizont des einzelnen bzw. der Gesamtheit ausgeweitet wird.

Sie haben mir entgegengehalten, daß die Frage, die ich gestellt habe, nicht neu sei. Das ist richtig. Aber ich glaube sagen zu dürfen, daß jedesmal, wenn ein neues Problem sich stellt, sicherlich auch jemand vorhanden ist, der diese Frage als schon lange bestehend charakterisiert. Selbstverständlich können Sie mir entgegnen, daß einige Male in der Geschichte der Menschheit ein derartiges Problem aufgetaucht ist. Ich glaube aber, daß die Situation, in der wir uns heute befinden, sich von der früherer Zeiten unterscheidet. Es gibt gewisse Äußerungen, neue Entdeckungen und Errungenschaften, die eben früher nicht bestanden haben. Selbstverständlich werden Sie von höherer philosophischer Warte entgegenhalten, daß jede Epoche stolz darauf war, derartige Dinge hervorgebracht zu haben. Aber ich glaube, es ist das erste Mal, daß die Menschheit heute die Möglichkeit hat, die Erde in die

Luft zu sprengen, unseren alten Planeten zu zerstören oder die Räume zu überwinden.

Wenn ich zu dem, was über Michelangelo und Dante gesagt worden ist, Stellung nehmen darf, so ist es selbstverständlich, daß man über Persönlichkeiten dieser Art allgemein nicht soviel wissen kann wie jemand, der sich mit diesem Problem eingehend und speziell beschäftigt hat. Das gilt sowohl für Michelangelo wie etwa für Dantes „Göttliche Komödie" oder Aristoteles. Das sind Dinge, die so komplex sind, daß sie eben nur von denen verstanden werden können, die sich wirklich mit diesem Problem beschäftigen, und es wird schwierig sein, diese Dinge allen zugänglich zu machen. Aber ich glaube, daß es für den Wissenschaftler früher eben möglich war, sich in relativ kurzer Zeit, sofern er das wollte, mit einer bestimmten Disziplin vertraut zu machen, selbst wenn es nicht seine eigene Disziplin war, während das heutzutage allein schon auf Grund der Sprache nicht mehr möglich ist. Bis zur Mitte des 19. Jahrhunderts war die Einheit des Geistes gewahrt. Heute ist das meiner Meinung nach nicht mehr der Fall.

Sie haben zu wiederholten Malen das Wort aufgegriffen, das ich über Einstein sagte. Er war der Ansicht, der Wissenschaftler müsse so weit kommen, daß er seine Ideen jedem Kind verständlich machen könne. Ich darf doch wohl in diesem Kreise aussprechen, daß z. B. Einsteins Relativitätstheorie wohl unter keinen Umständen einem Kind verständlich zu machen ist. Zum mindesten aber glaube ich sagen zu dürfen, daß theoretisch – sei es in Kunst oder Wissenschaft – jemand, der eine normale Allgemeinbildung genossen hat, sich nach einer gewissen Zeit der Einarbeitung und Anpassung mit einem speziellen Problem beschäftigen und es auch bis zu einem gewissen Grade verstehen könnte. Aber das ist heute leider genau so nicht mehr der Fall, wie wenn jemand sagt, er werde in einiger Zeit Chinesisch lernen, ohne vorher überhaupt eine Ahnung von Chinesisch zu haben.

Herr Staatssekretär Brandt, Sie haben besonders hervorgehoben, daß man danach streben müsse, schwerverständliche Dinge allgemeinverständlich darzubieten, und ich freue mich, daß Sie mich nach dieser Richtung unterstützen, denn meiner Ansicht nach ist das für unsere heutige Zeit unbedingt erforderlich.

Unter den großen Wissenschaftlern, den großen Köpfen unserer Zeit, die große Entdeckungen auf naturwissenschaftlichem Gebiet gemacht haben – um es kurz zu sagen: den Nobelpreisträgern im allgemeinen –, nannte ich Einstein. Otto Hahn habe ich nicht erwähnt, und zwar deshalb nicht, weil ich nicht alle Wissenschaftler nennen, sondern nur eine Art Fächer aufzeigen wollte; mein Exposé wäre sonst so lang geworden, daß ich Ihre Geduld auf eine zu lange Probe gestellt hätte. Aber Sie haben recht, wenn Sie sagen, daß Otto Hahn eine allgemeinverständliche Broschüre – „Die neuen Atome" – geschrieben hat und daß dies eines der Beispiele ist, in denen ein hervorragender Wissenschaftler seine Theorien, Ideen und Forschungen auf allgemeinverständliche Weise dargeboten hat. Ich glaube, daß wir darauf Wert legen sollten, und freue mich, auch in dieser Richtung Ihre Unterstützung zu finden.

Um auf die Ausführungen von Herrn Protonotar einzugehen, daß ich vielleicht zu wenig über das Mittelalter gesagt hätte, so darf ich erwidern, daß dies mehr auf den Vortrag als auf meinen eigenen Willen zurückzuführen ist. Es versteht sich von selbst, daß eine der großen Gestalten des Humanismus Franz von Assisi ist. Erlauben Sie mir, Ihnen hier eine kleine persönliche Anekdote zu erzählen: Vor 25 oder 30 Jahren besuchte der große indische Gelehrte Rabindranath Tagore eine französische Universität. Die Professoren wurden ihm einzeln vorgestellt, und er ging an ihnen ziemlich gleichgültig vorbei, ohne sie irgendwie anzusprechen. Als ihm Paul Sabatier vorgestellt wurde, wobei auf seine Qualifikation als Historiker Franz von Assisis hingewiesen wurde, da schien dieser indische Dichter und Denker plötzlich eine Erleuchtung zu haben. Er sagte: „Ah, Franz von Assisi – Bindeglied zwischen Orient und Okzident!" Sie sehen also, welchen Wert die Gestalt Franz von Assisis hat, und ich kann nur bestätigen, daß ich ihn als konstitutives Element des Humanismus ansehe – wenn diese Vokabel nicht zu gering für ihn ist. Wenn ich also nicht genug vom Mittelalter gesprochen habe, so ist dies eine Lücke in meinem Vortrag, die ich noch ausfüllen werde. Anderseits gab es noch manche Lücke, auf die Sie mit Recht hingewiesen haben.

Wenn ich über die Metaphysik oder die ganzen metaphysischen Aspekte nicht gesprochen habe, so deshalb, weil es außerordentlich schwierig ist, über etwas zu sprechen, über das man nichts weiß. Es ist schwierig genug, etwas vorzutragen, über das man glaubt, etwas zu wissen. Ich darf an ein Wort Bergsons erinnern, der gesagt hat: Die Metaphysik hat es nötig, sich zu lernen. Sie haben selbstverständlich voll und ganz recht, wenn Sie sagen, daß der metaphysische Aspekt zu dem Problem gehört, welches ich angesprochen habe.

Ich danke Ihnen besonders für die Worte, die Sie für Frankreich gefunden haben. Darf ich Ihnen sagen, wie sehr mich dieser Hinweis in meiner Eigenschaft als Franzose gefreut hat.

Es wurde auf das Fernsehen hingewiesen und gesagt, daß in Deutschland
vier bis fünf Millionen – in England sind es 15 Millionen – Menschen jeden
Abend vor dem Bildschirm sitzen. In Frankreich scheint das Fernsehen noch
nicht so verbreitet zu sein. Es ist richtig, wenn Sie sagen, daß damit auf
Grund des technischen Fortschritts eine Möglichkeit besteht, zur Annähe-
rung der Völker und zur Einheit des Geistes beizutragen. Es kommt darauf
an, was man aus diesem Mittel macht. Ich glaube, daß man überall in unseren Ländern, wo man Einfluß hat, danach streben soll, daß die Programme
besser und besser gestaltet werden und daß große Persönlichkeiten mit
Rang und Namen nicht zögern sollten, ihre Erfahrungen allgemeinverständlich für den Zuschauer darzulegen. Ich hoffe, daß das Fernsehen eines
Tages nicht nur das intellektuelle, sondern sogar das geistige Bindeglied
zwischen den Menschen werde. Die Technik des Fernsehens steht noch in
den Anfängen; aber sie wird weit schneller vorangetrieben werden können
als die Gestaltung der Programme. Wir sollten also dafür sorgen, daß das
eine mit dem andern Schritt hält. Ich glaube, daß der Wissenschaft ein
wertvolles Mittel an die Hand gegeben ist, um das zu verwirklichen, was
ich die Einheit des Geistes nannte.

Hier ist zu Recht gesagt worden, daß der Begriff Fortschritt definiert
werden sollte. Fortschritt als solcher ist eingleisig und selbstverständlich an-
fechtbar. Es genügt nicht, wenn man nur sagt, Fortschritt und Wissenschaft
müßten weiter gefördert und weiterentwickelt werden; darin sei allein das
Heil der Menschheit zu finden, wie es das Konzept des 18. Jahrhunderts
der Aufklärung war, als ethische und moralische Gesichtspunkte fast völlig
in den Hintergrund gerieten. Wenn man z.B. Condorcet liest, so versteht
man es nicht, daß das Werk vielen ein Phantasiegebilde ist. Wie gesagt –
Fortschritt nur um des Fortschritts willen genügt nicht und auf technischem
und wissenschaftlichem Gebiet allein ebenfalls nicht!

Manche Redner haben ebenfalls dem Optimismus recht gegeben, den
ich vorhin anklingen ließ. Ich glaube, daß wir den Austausch zwischen den
Menschen fördern sollten, und ich glaube, daß auf Grund der neuerlichen
technischen und modernen Entwicklung dies auch möglich ist. Selbstverständlich sollten wir dabei das Ideal, von dem auch Sie gesprochen haben,
nicht völlig außer acht lassen. Wir sollten es, wenn möglich, beibehalten,
mögen auch Rückschläge kommen und manchmal diese Ideale in einem gewissen Dunkel verschwimmen. Wir sollten also in der Praxis versuchen, das
Ideal zu wahren und nicht, wie manche sagen, es einfach verschwinden lassen. Ich glaube, daß wir in dieser Hinsicht alle einig waren.

Der Hinweis war ebenfalls richtig, daß Humanismus nicht etwa nur von intellektuellen Gesichtspunkten angesehen werden sollte, die nicht die Summe alles Wissens darstellen, sondern daß selbstverständlich der moralische und ethische Aspekt ebenfalls in Betracht gezogen werden muß, denn der Mensch ist nicht einfach eine Maschine und ein Roboter. Ich darf da an das Wort Kants erinnern, das ebenfalls vorgetragen wurde, nämlich von dem moralischen Konzept des ganzen Themas: dem „gestirnten Himmel über mir und moralischen Gesetz in mir".

Erlauben Sie mir, daß ich Sie zum Schluß um Entschuldigung bitte für die Unvollständigkeit einmal meines Vortrages und zum zweiten meiner Antwort. Selbstverständlich hätte ich sehr gerne im einzelnen jedem persönlich geantwortet und alle Aspekte aufgegriffen, die Sie hier vorgetragen haben. Ich darf nur noch einmal darauf hinweisen, daß man selbstverständlich das Wort Platons, das sich auf die Unsterblichkeit der Seele bezog, nicht aber das „schöne Risiko", von dem ich am Ende meines Vortrages sprach, auf das Gesamtthema des heutigen Nachmittags ausdehnen kann. Entschuldigen Sie also noch einmal, daß ich vielleicht unvollständig war.

Darf ich zum Schluß danken für die Aufmerksamkeit, mit der Sie mir zugehört haben, für die Antworten und Anregungen, die Sie vortrugen und die mir gezeigt haben, daß Sie ebenfalls sich Gedanken machen über das, was ich Ihnen — und sei es auch nur in unvollständiger Weise — vorgetragen habe.

Resumé

Le monde actuel évolue avec une rapidité due surtout au progrès scientifique. Cette accélération pose à l'homme de difficiles problèmes d'adaptation. Que faut-il garder du passé? Sur le plan intellectuel, par exemple, l'humanisme traditionnel est-il encore possible? Mais le terme d'humanisme est employé si fréquemment, qu'il est souvent déformé.

I. Le conférencier cherche donc à préciser l'idée, en remontant aux sources gréco-romaines. L'humanisme est avant tout une certaine ouverture d'esprit, un idéal de culture universelle, un lien des hommes entre eux à travers l'espace et le temps.

II. Cette universalité n'est-elle pas incompatible avec la spécialisation qui existe partout aujourd'hui, car elle semble la rançon même du progès des connaissances. L'humanisme, alors, ne serait-il pas dépassé?

III. Il est évident qu'en science particulièrement, le chercheur est avant tout un spécialiste. Il y a rupture entre l'énorme acquis, sans cesse croissant, de la science moderne, et la culture générale, la philosophie même.

IV. Oppenheimer insiste beaucoup sur cette rupture, tout en en déplorant les conséquences humaines: «Notre connaissance sépare autant qu'elle unit.» La cause est-elle donc perdue?

V. Le conférencier essaye de plaider quand même, en empruntant des arguments à la vie de la science elle-même. En effet: 1. aucune branche ne peut se séparer entièrement des autres; 2. des sciences nouvelles se fondent, qui sont des regroupements entre domaines jusque là distincts; 3. le plus souvent, le grand découvreur est un spécialiste qui «sort de sa spécialité».

VI. C'est pourquoi les plus grands savants de notre temps proclament la valeur permanente de l'humanisme, même pour la science (exemple de Planck, Einstein, Schrödinger, Louis de Broglie, etc.).

VII. Il y a donc encore une action possible de l'humanisme, mais adaptée au monde moderne, qui est surtout scientifique. La spécialisation, mal nécessaire, doit être corrigée par l'universalité de l'humanisme; celui-ci doit, complémentairement, se corriger de sa tendance à ne regarder que le passé.

Summary

The present-day world is evolving with great rapidity, owing above all to scientific progress. This increase in tempo presents man with problems of adaptation. What must be retained of the past? On the intellectual plane, for example, is traditional humanism still possible? But the term "humanism" is used so frequently that its meaning is often distorted.

I. The lecturer thus attempts to give a precise statement of the idea of humanism, by reference to Graeco – Roman sources. Humanism is first of all a certain open-mindedness, an ideal of universal culture, a bond linking all humanity through time and space.

II. This universality is surely incompatible with the specialization existing everywhere today, for it seems the very ransom of all progress in the field of scientific learning. Would humanism not seem to have been surpassed?

III. It is clear that inquiry, particularly in science, must be of a specialist nature. A break has occurred between the increasingly growing fund of knowledge acquired by science, and general culture, philosophy itself.

IV. Oppenheimer insists greatly on this break, while deploring its human consequences – "Our knowledge separates as much as it unites." Is the cause then lost?

V. The lecturer nevertheless attempts to plead the cause of humanism, and to do so borrows the arguments of scientific life itself, in this way: 1. No branch can achieve complete separation from other branches. 2. New sciences are coming into being; these represent the grouping together of departments hitherto distinct. 3. More often than not, great discoveries are made by specialists outside their own particular field.

VI. It is for these reasons that the greatest men of learning of our time have proclaimed the enduring value of humanism, even for science (as examples, Planck, Einstein, Schrödinger, Louis de Broglie, etc.).

VII. Humanism has therefore a possible application today, if adapted to the modern world, which is above all scientific. The necessary evil of specialization must be corrected by the universality of humanism, which must, in its turn, correct its tendency to consider only the past.

GPSR Compliance
The European Union's (EU) General Product Safety Regulation (GPSR) is a set
of rules that requires consumer products to be safe and our obligations to
ensure this.

If you have any concerns about our products, you can contact us on

ProductSafety@springernature.com

In case Publisher is established outside the EU, the EU authorized
representative is:

Springer Nature Customer Service Center GmbH
Europaplatz 3
69115 Heidelberg, Germany